T0131827

essentials

essentials liefern aktuelles Wissen in konzentrierter Form. Die Essenz dessen, worauf es als „State-of-the-Art" in der gegenwärtigen Fachdiskussion oder in der Praxis ankommt. *essentials* informieren schnell, unkompliziert und verständlich

- als Einführung in ein aktuelles Thema aus Ihrem Fachgebiet
- als Einstieg in ein für Sie noch unbekanntes Themenfeld
- als Einblick, um zum Thema mitreden zu können

Die Bücher in elektronischer und gedruckter Form bringen das Fachwissen von Springerautor*innen kompakt zur Darstellung. Sie sind besonders für die Nutzung als eBook auf Tablet-PCs, eBook-Readern und Smartphones geeignet. *essentials* sind Wissensbausteine aus den Wirtschafts-, Sozial- und Geisteswissenschaften, aus Technik und Naturwissenschaften sowie aus Medizin, Psychologie und Gesundheitsberufen. Von renommierten Autor*innen aller Springer-Verlagsmarken.

Weitere Bände in der Reihe http://www.springer.com/series/13088

Guido Walz

Fixpunkte und Nullstellen

Klartext für Nichtmathematiker

 Springer Spektrum

Guido Walz
Darmstadt, Deutschland

ISSN 2197-6708   ISSN 2197-6716   (electronic)
essentials
ISBN 978-3-658-35576-0   ISBN 978-3-658-35577-7   (eBook)
https://doi.org/10.1007/978-3-658-35577-7

Die Deutsche Nationalbibliothek verzeichnet diese Publikation in der Deutschen Nationalbiblio-
grafie; detaillierte bibliografische Daten sind im Internet über http://dnb.d-nb.de abrufbar.

Planung/Lektorat: Iris Ruhmann
Springer Spektrum ist ein Imprint der eingetragenen Gesellschaft Springer Fachmedien
Wiesbaden GmbH und ist ein Teil von Springer Nature.
Die Anschrift der Gesellschaft ist: Abraham-Lincoln-Str. 46, 65189 Wiesbaden, Germany

Was Sie in diesem *essential* finden können

- Die Verfahren von Banach und Newton.
- Algorithmen zur Berechnung von Fixpunkten und Nullstellen.
- Eine Methode zur Berechnung von beliebigen Wurzeln.

Einleitung

Ein sehr wichtiges Thema innerhalb der sogenannten Numerischen Mathematik, also der Mathematik, die sich mit der zahlenmäßigen Berechnung von Lösungen befasst, ist die Bestimmung von Nullstellen und Fixpunkten von Funktionen.

Während Sie sicherlich bereits zumindest eine grobe Vorstellung davon haben, worum es sich bei einer Nullstelle handelt, grübeln Sie möglicherweise gerade über den Begriff Fixpunkt. Nun, keine Sorge, dieser wird gleich zu Beginn des Textes im ersten Kapitel erläutert und ebenso wie derjenige der Nullstelle mit Beispielen untermauert.

Danach finden Sie ein kurzes Kapitel vor, in dem ich Sie mit den Grundlagen der Iterationsverfahren vertraut mache.

Im dritten und vierten Kapitel geht es dann um spezielle Iterationsverfahren, also Algorithmen, zur beliebig genauen Berechnung von Nullstellen und Fixpunkten.

Im abschließenden Kap. 5 sehen Sie dann noch weitere Anwendungen dieser Verfahren. Unter anderen geht es dabei um die beliebig genaue Berechnung von Wurzeln, beispielsweise von $\sqrt{2}$. Vielleicht zögern Sie gerade und denken: „Wozu das denn, dazu habe ich einen Taschenrechner?" Nun, das hätte in etwa dieselbe Qualität wie: „Wir brauchen keine Kraftwerke, bei uns kommt der Strom aus der Steckdose." Denn auch Ihr Taschenrechner benötigt einen Algorithmus, um Wurzeln zu berechnen, und genau den lernen Sie hier kennen.

Da sich der Text laut Untertitel ausdrücklich (auch) an Nichtmathematiker (und ebenso natürlich Nichtmathematikerinnen) wendet, ist er bewusst in allgemein verständlicher Sprache gehalten, um die Leser nicht durch übertriebene Fachsprache abzuschrecken; schließlich soll es sich ebenfalls laut Untertitel um „Klartext" handeln.

Und nun geht's endlich los. Ich wünsche Ihnen viel Spaß (das meine ich ernst!) beim Lesen der folgenden Seiten.

Inhaltsverzeichnis

Die grundlegenden Begriffe: Definition und erste Beispiele

1.1 Definitionen

Bevor ich mit der Definition der grundlegenden Begriffe beginne noch ein Wort zum Thema „Funktion". Hier wie durchwegs in diesem Büchlein geht es immer um sogenannte reelle Funktionen, also Funktionen, die als Input reelle Zahlen vertragen und die ebenso als Output reelle Zahlen produzieren. Vornehm, aber langweilig, beschreibt man so etwas als

$$f : \mathbb{R} \mapsto \mathbb{R}, \quad f(x) = y.$$

Oftmals wird der Definitionsbereich einer Funktion, also die Menge aller x, die als Input der Funktion vorkommen dürfen, nicht die gesamte Menge $\mathbb{R}$ der reellen Zahlen, sondern nur eine zusammenhängende Teilmenge davon sein. So etwas bezeichnet man als ein Intervall. Falls Sie bei der Einführung dieses Begriffs in Ihrem Mathematik-Unterricht gerade unpässlich gewesen sein sollten, will ich das gerne hier nochmal nachholen:

> **Definition 1.1**
> Sind a und b reelle Zahlen mit $a < b$, dann nennt man die Menge aller Zahlen x, die zwischen diesen beiden Zahlen liegen (unter Einschluss von a und b), das **(abgeschlossene) Intervall** mit den Grenzen a und b, und bezeichnet sie mit $[a, b]$.

© Der/die Autor(en), exklusiv lizenziert durch Springer Fachmedien Wiesbaden GmbH, ein Teil von Springer Nature 2021
G. Walz, *Fixpunkte und Nullstellen*, essentials,
https://doi.org/10.1007/978-3-658-35577-7_1

Kurz und präzise: Es ist

$$[a, b] = \{x \in \mathbb{R}; a \leq x \leq b\}$$

Die Zahlen a und b nennt man **Randpunkte** des Intervalls.

Besserisserinfo Wie Sie dem Zusatz „abgeschlossen" entnehmen können, gibt es auch andere Arten von Intervallen, nämlich offene oder halboffene. Hierbei gehören die Randpunkte bzw. einer der Randpunkte nicht mehr zum Intervall. In diesem Büchlein wird aber ausschließlich von abgeschlossenen Intervallen die Rede sein, weshalb ich diesen Zusatz von jetzt ab auch weglassen werde und nur noch von Intervallen spreche.

Ist die Funktion nur auf einem Intervall definiert, schreibt man

$$f : [a, b] \mapsto \mathbb{R}, \quad f(x) = y.$$

Nun aber endlich zum Thema Nullstellen und Fixpunkte. Möglicherweise wissen Sie schon, was eine Nullstelle ist, aber da dies ein seriöses Buch werden soll, will ich auch grundlegende Begriffe definieren:

Definition 1.2
Eine reelle Zahl x_N nennt man **Nullstelle** einer Funktion f, wenn sie als Output die Null produziert, wenn also gilt:

$$f(x_N) = 0.$$

Schauen wir uns gleich ein paar Beispiele an.

Beispiel 1.1

a) Als Erstes untersuche ich die Funktion $f(x) = 2x - 4$. Sie ist auf ganz $\mathbb{R}$ definiert. Um eine Nullstelle x_N zu bestimmen, muss ich die Gleichung

$$2x_N - 4 = 0$$

nach x_N auflösen. Entweder mit bloßem Auge, oder natürlich mit konstruktiven Methoden, die Sie nötigenfalls in Walz (2018) nachlesen können, finden Sie hier die Lösung $x_N = 2$. Offensichtlich gibt es auch keine anderen Lösungen, die Funktion f hat also 2 als einzige Nullstelle.

Ein Blick auf Abb. 1.1 bestätigt dies: Der einzige Durchgang des Funktionsgraphen durch die „Nulllinie", also die x-Achse, liegt bei $x = 2$.

b) Schauen wir uns einmal die gute alte Normalparabel $f(x) = x^2$ an. Um ihre Nullstellen zu finden muss ich also die Gleichung $x_N^2 = 0$ lösen. Nun ist das Quadrat einer Zahl genau dann null, wenn die Zahl selbst null ist, und das heißt: Die einzige Nullstelle der Normalparabel ist $x_N = 0$.

Die Normalparabel sehen Sie in Abb. 1.2. Beachten Sie dabei Folgendes: In einer Nullstelle muss der Funktionsgraph nicht unbedingt die x-Achse schneiden, es genügt, wenn er sie dort berührt.

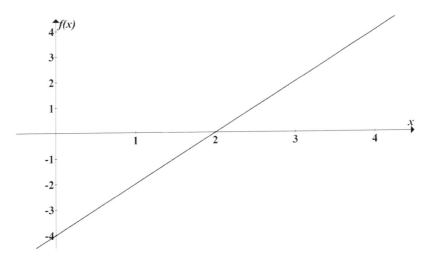

Abb. 1.1 Die Funktion $f(x) = 2x - 4$

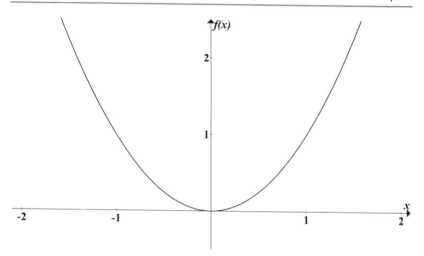

Abb. 1.2 Die Normalparabel $f(x) = x^2$

c) Vielleicht hatten Sie beim Lesen von Teil b) unangenehme Erinnerungen an sog. quadratische Gleichungen, deren einfachster Fall ja $x^2 = 0$ ist. Nun, ein Beispiel dazu möchte ich Ihnen nicht ersparen. Betrachten wir die Funktion $f(x) = x^2 - 5x + 6$.

Um ihre Nullstellen zu bestimmen, muss man die Gleichung

$$x^2 - 5x + 6 = 0$$

lösen. Mit einer Formel Ihres Vertrauens, bspw. der p-q-Formel, finden Sie die beiden Lösungen $x_{N1} = 2$ und $x_{N2} = 3$. Andere Nullstellen gibt es nicht, wie Sie auch in Abb. 1.3 sehen.

Möglicherweise ist Ihnen ja die p-q-Formel nicht mehr ganz so präsent, und Sie konnten die obige Berechnung nicht ganz nachvollziehen. Nun kein Grund zu verzweifeln, denn ein Hauptgegenstand dieses Büchleins ist es, Ihnen sogenannte numerische verfahren an die Hand zu geben, mit deren Hilfe Sie die Nullstellen (fast) beliebiger Funktionen mühelos und ohne Formeln berechnen können! Hierfür muss ich Sie aber auf die nächsten Kapitel vertrösten. ∎

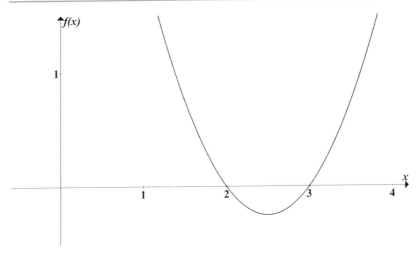

Abb. 1.3 Die Funktion $f(x) = x^2 - 5x + 6$

Während ich mir wie gesagt fast sicher bin, dass Ihnen der Begriff Nullstelle schon das ein oder andere Mal begegnet war, ist es vielleicht mit dem Pendant dieses Begriffs, dem des Fixpunktes, anders. Diesen definiere ich jetzt.

Definition 1.3
Eine reelle Zahl x_F nennt man **Fixpunkt** einer Funktion f, wenn sie durch f auf sich selbst abgebildet wird, wenn also gilt:

$$f(x_F) = x_F.$$

Plauderei
Der Wortanteil „fix" stammt vom lateinischen „fixus", was „fest" oder „befestigt" heißt, und ist derselbe wie in „fixe Idee" und „Fixstern": Irgendetwas bleibt fest, auch wenn sich drumherum alles verändert und dreht.

Schauen wir uns auch hierzu Beispiele an:

Beispiel 1.2

a) Ich übernehme die Funktion $f(x) = 2x - 4$ aus Beispiel 1.1. Um ihre Fixpunkte zu bestimmen muss ich nun die Gleichung

$$2x_F - 4 = x_F$$

lösen. Addition von 4 auf beiden Seiten der Gleichung macht hieraus $2x_F = x_F + 4$, und anschließende Substraktion von x_F schließlich $x_F = 4$. Der (einzige) Fixpunkt der Funktion ist also $x_F = 4$.

Probieren Sie es aus: Wenn Sie als Input $x = 4$ in die Funktion eingeben, erhalten Sie als Output denselben Wert.

Graphisch sind die Fixpunkte einer Funktion als Schnittpunkte des Funktionsgraphen mit der Winkelhalbierenden, also der Funktion $g(x) = x$, zu erkennen. Abb. 1.4 zeigt dies für das vorliegende Beispiel.

b) Nachhaltigkeit und Recycling sind ja derzeit richtigerweise hoch im Kurs, also übernehme ich auch die zweite Funktion aus Beispiel 1.1, die Normalparabel $f(x) = x^2$. Um ihre Fixpunkte zu bestimmen muss ich die Fixpunktgleichung

$$x_F^2 = x_F, \tag{1.1}$$

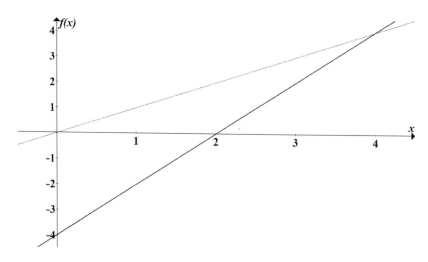

Abb. 1.4 Die Funktion $f(x) = 2x - 4$ und die Winkelhalbierende (gestrichelt)

also

$$x_F^2 - x_F = 0$$

lösen. Notfalls mit der p-q-Formel, oder durch Umschreiben in $x_F(x_F - 1) = 0$, sieht man, dass die Gl. (1.1) die beiden Lösungen $x_{F1} = 0$ und $x_{F2} = 1$ hat, die Normalparabel also genau diese beiden Fixpunkte. In Abb. 1.5 sehen Sie die graphische Veranschaulichung dieses Ergebnisses.

c) Schließlich betrachte ich die Funktion

$$f(x) = \frac{1}{2}\left(x + \frac{2}{x}\right). \tag{1.2}$$

Die Fixpunktgleichung lautet hier

$$x = \frac{1}{2}\left(x + \frac{2}{x}\right),$$

also

$$x = \frac{x}{2} + \frac{1}{x}.$$

Durchmultiplizieren mit $2x$ macht hieraus

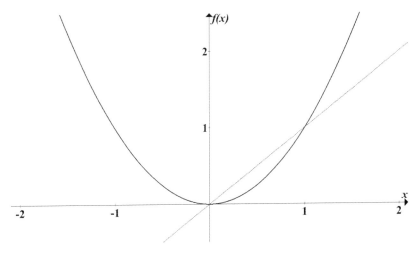

Abb. 1.5 Die Funktion $f(x) = x^2$ und die Winkelhalbierende (gestrichelt)

$$2x^2 = x^2 + 2$$

oder

$$x^2 = 2.$$

Diese Gleichung hat die beiden Lösungen

$$x = \pm\sqrt{2},$$

und dies sind somit die beiden Fixpunkte der in (1.2) definierten Funktion. Dieses Beispiel wird uns im letzten Kapitel nochmals begegnen. ∎

Besserwisserinfo
Eigentlich wäre es in Analogie zum Begriff Nullstelle natürlich besser, von „Fixstelle" zu sprechen, aber gegen die in der Literatur verbreitete Bezeichnungsweise Fixpunkt kann und will ich nicht angehen.

1.2   Zusammenhang zwischen Nullstellen und Fixpunkten

Warum behandle ich eigentlich die beiden gerade definierten Begriffe in ein und demselben Büchlein? Nun, weil sie engstens zusammenhängen, wie die folgende einfache Aussage zeigt. Damit wie in jedem anständigen Mathematikbuch auch einmal ein (mathematischer) Satz vorkommt, formuliere ich diese auch als solchen, auch wenn sie bei genauerer Betrachtung nicht allzu tief liegend ist:

Satz 1.1
Es seien f und g zwei reelle Funktionen. Dann gelten folgende Aussagen.
1. *Ist $\bar{x} \in I$ eine Nullstelle der Funktion g, so ist $\bar{x}$ Fixpunkt der Funktion*

$$f(x) = x + g(x).$$

2. *Ist $\bar{x} \in I$ ein Fixpunkt der Funktion f, so ist $\bar{x}$ Nullstelle der Funktion*

$$g(x) = x - f(x).$$

Gönnen wir uns hierzu einmal einen Beweis; er ist nicht sehr umfangreich:

Beweis

1. Ist $\overline{x}$ Nullstelle von g, so ist

$$f(\overline{x}) = \overline{x} + g(\overline{x}) = \overline{x} + 0 = \overline{x},$$

somit ist $\overline{x}$ Fixpunkt von f.

2. Ist $\overline{x}$ Fixpunkt von f, so ist

$$g(\overline{x}) = \overline{x} - f(\overline{x}) = \overline{x} - \overline{x} = 0,$$

somit ist $\overline{x}$ Nullstelle von g. $\square$

Beispiel 1.3

a) Bemühen wir noch einmal die gute alte Normalparabel, setzen also $g(x) = x^2$. (Einzige) Nullstelle dieser Funktion ist, wie wir oben gesehen haben, $\overline{x} = 0$, und tatsächlich ist dieser Wert auch Fixpunkt der Funktion

$$f(x) = x + g(x) = x + x^2,$$

wie Sie durch Einsetzen sofort erkennen können.

b) Ebenso haben wir oben bereits gesehen, dass die Funktion $f(x) = 2x - 4$ den (einzigen) Fixpunkt $\overline{x} = 4$ hat. Gemäß Teil 2 des Satzes muss dieser Punkt also Nullstelle der Funktion

$$g(x) = x - f(x) = x - (2x - 4) = 4 - x$$

sein, und auch das können Sie durch Einsetzen der 4 mühelos verifizieren.   ∎

Das Problem der (numerischen) Bestimmung von Fixpunkten ist also im Wesentlichen äquivalent zu dem der Nullstellenbestimmung, so dass man die Methoden zur Lösung dieser Probleme weitestgehend synchron behandeln kann.

Aus eher historischen Gründen werde ich die Behandlung von Fixpunkten und Nullstellen dennoch in zwei Kapitel aufspalten, weil man beispielsweise von „banachschen Fixpunktsatz" spricht, und nicht von banachschen Nullstellensatz, und ebenso wenig wird jemand das Newtonverfahren als ein Verfahren zur Berechnung von Fixpunkten einführen; eine Bemerkung, die Sie zugegebenermaßen erst ein paar Seiten weiter richtig einordnen können.

Iterationsverfahren

Im ersten Kapitel hatte ich Ihnen, möglicherweise erfolgreich, anhand von Beispielen vorgegaukelt, dass Fixpunkt- und Nullstellengleichungen immer explizit lösbar sind. Das ist aber Quatsch, die wenigsten sind es. – Die Trennung zwischen Mathematikern und Taschenspielern ist gelegentlich unscharf.

Das ist aber gar nicht so schlimm, denn es gibt numerische Verfahren, mit deren Hilfe man Fixpunkte und Nullstellen beliebig genau annähern und somit bis auf jede gewünschte Nachkommastelle genau berechnen kann. In aller Regel sind das sogenannte Iterationsverfahren, und mit der Definition dieses Begriffs möchte ich dieses Kapitel beginnen.

Definition 2.1

Gegeben sei eine reelle Funktion $T(x)$ und eine reelle Zahl x_0. Ein **Iterationsverfahren** ist ein numerisches Verfahren, das durch die Iterationsvorschrift

$$x_{i+1} = T(x_i), \quad i = 0, 1, 2, \ldots \tag{2.1}$$

eine Folge von Zahlen $x_0, x_1, x_2, \ldots$ berechnet. Die Zahl x_0 nennt man den **Startwert** der Iteration.

Plauderei

Ein Iterationsverfahren produziert also eine Folge von Zahlen $x_0, x_1, x_2, \ldots$, indem es die vorgegebene Funktion T immer wieder auf den zuletzt berechneten x-Wert anwendet und dadurch einen neuen x-Wert berechnet.

© Der/die Autor(en), exklusiv lizenziert durch Springer Fachmedien Wiesbaden GmbH, ein Teil von Springer Nature 2021
G. Walz, *Fixpunkte und Nullstellen*, essentials,
https://doi.org/10.1007/978-3-658-35577-7_2

Schauen wir uns wie üblich gleich ein paar Beispiele an:

Beispiel 2.1
a) Die Funktion $T(x) = \frac{x}{2}$ definiert das Iterationsverfahren

$$x_{i+1} = \frac{x_i}{2}, i = 0, 1, 2, \ldots \qquad (2.2)$$

Was passiert hier nun eigentlich? Das hängt ein wenig vom Startwert x_0 ab. Wenn Sie $x_0 = 0$ wählen, berechnet das Verfahren $x_1 = \frac{x_0}{2} = 0$, $x_2 = \frac{x_1}{2} = 0$, usw. Der Unterhaltungswert dieser Folge ist also überschaubar, sie ist einfach konstant gleich null.

Wenn Sie einen von null verschiedenen Startwert wählen, wird dieser im ersten Schritt halbiert, im zweiten Schritt wird dann der halbierte Startwert erneut halbiert, der Startwert also geviertelt, usw. Sie sehen also, dass das Iterationsverfahren (2.2) eine Folge von Zahlen produziert, die (betragsmäßig) immer kleiner werden, und schließlich beliebig nahe an die Null herankommen. Man sagt dann auch, dass die Folge gegen null konvergiert, und nennt Null den **Grenzwert** der Folge.

b) Das Iterationsverfahren

$$x_{i+1} = x_i + 42, \ i = 0, 1, 2, \ldots \qquad (2.3)$$

produziert eine Folge von Zahlen, die unabhängig vom gewählten Startwert x_0 in jedem Schritt um 42 anwachsen und insbesondere beliebig groß werden. Im Gegensatz zu Teil a) gibt es hier also keinen Grenzwert, dem sich die Folgenwerte annähern.

c) Als Letztes betrachte ich das durch die Iterationsfunktion

$$T(x) = x^2$$

definierte Verfahren, also

$$x_{i+1} = x_i^2, \ i = 0, 1, 2, \ldots \qquad (2.4)$$

Das Verhalten dieser Folge hängt nun ganz massiv vom gewählten Startwert x_0 ab. Wählen Sie beispielsweise $x_0 = 0$, so wird dieser Wert in jedem Iterationsschritt quadriert, was nicht so furchtbar viel bringt, denn 0^2 ist gleich 0, und somit ist die Folge in diesem Fall konstant gleich null.

Wählen Sie als Startwert irgendeine Zahl, die betragsmäßig kleiner als 1 ist, also $-1 < x_0 < 1$, so passiert Folgendes: Das Quadrat einer solchen Zahl ist betragsmäßig immer kleiner als die Zahl selbst (beispielsweise ist das Quadrat von $\frac{1}{2}$ gleich $\frac{1}{2} \cdot \frac{1}{2} = \frac{1}{4}$), und das setzt sich beim nächsten Quadrieren natürlich fort. Die Folge dieser Zahlen wird also betragsmäßig immer kleiner und konvergiert gegen null, ganz ähnlich wie in Teil a).

Wenn Ihr Startwert betragsmäßig größer ist als 1, also entweder kleiner als -1 oder größer als 1, so werden die Folgenwerte durch das fortwährende Quadrieren immer größer und schließlich beliebig groß; die Folge explodiert. (Mathematisch korrekt, aber langweiliger, sagt man: sie divergiert.)

Haben wir nun alle Fälle erfasst? Nicht ganz. (Stichwort Taschenspieler!) Es verbleiben noch die Fälle $x_0 = 1$ und $x_0 = -1$. Da $1^2 = 1$ ist, sind im ersten Fall alle Folgenglieder gleich 1, die Folge ist also konstant. Und im zweiten Fall wird wegen $(-1)^2 = 1$ (merke: „Minus mal Minus ergibt Plus") der Wert $x_1 = 1$ sein, und mit der gleichen Überlegung wie gerade eben alle folgenden auch. ∎

Plauderei

Dem schwedischen Schriftsteller August Strindberg, der von 1849 bis 1912 lebte, schreibt man folgendes Zitat zu: „$1 \cdot 1 = 1$, unzweifelhaft. Aber 1^2 ist nicht 1, weil das Quadrat einer gegebenen Zahl größer sein muss als die Zahl selbst. Die Wurzel aus 1 kann logischerweise nicht 1 sein, weil die Wurzel aus einer Zahl kleiner sein muss als die Zahl selbst. Aber mathematisch oder formal ist $\sqrt{1} = 1$. Die Mathematik widerspricht in diesem Falle der Logik oder der reinen Vernunft, und darum ist die Mathematik in diesem Kardinalfalle vernunftwidrig. Auf dieser Sinnlosigkeit, der 1, bauen sich dann alle Werte auf, und in diesen falschen Werten fußt die mathematische Wissenschaft, die „einzig exakte, unfehlbare". Aber dies ist Mathematik! Ein artiges Spiel für Leute, die nichts zu tun haben."

Nun ja, auch große Geister können irren. Strindberg macht hier einen fundamentalen Fehler, indem er annimmt, dass das Quadrat einer gegebenen Zahl größer sein muss als die Zahl selbst. Das stimmt eben nicht immer, wie wir in Teil c) des Beispiels überlegt haben.

In den Beispielen hat man bereits gesehen, dass nicht jedes Iterationsverfahren zu einer Folge führt, die gegen einen festen Wert strebt, und, mehr noch, dass das Konvergenzverhalten ein und desselben Verfahrens entscheidend von der Wahl des Startwerts x_0 abhängen kann. Dies wird in der folgenden Definition formalisiert.

Definition 1.2

Ein durch eine Iterationsvorschrift (2.1) mit Startwert x_0 definiertes Iterationsverfahren heißt **konvergent** (für den Startwert x_0), wenn die daraus berechnete Folge $\{x_i\}$ im klassischen Sinne konvergiert, wenn es also eine Zahl $\overline{x}$ gibt, gegen die diese Folge strebt.

Man sagt dann auch, dass die Folge $\{x_i\}$ den **Grenzwert** $\overline{x}$ hat, und schreibt

$$\lim_{i \to \infty} x_i = \overline{x}.$$

Besserwisserinfo

Das Formelzeichen „lim" steht für „Limes", was nichts anderes ist als das lateinische Wort für Grenze oder eben Grenzwert. In meiner Heimatgegend findet man heute noch gut erhaltene Reste einer römischen Grenzbefestigung, die „Limes" genannt wird. Die Römer haben sie vor etwa 2000 Jahren gebaut, damit sich die anstürmenden Barbaren daran die Köpfe einrennen, man kann auch sagen: ihr beliebig nahe kommen, sie aber niemals überschreiten. Ein hübsches Bild, wie ich finde; übrigens waren diese Barbaren niemand anders als meine und vielleicht auch Ihre Vorfahren, die Germanen.

Nun aber endlich zum eigentlichen Thema dieses Büchleins, nämlich der Berechnung von Fixpunkten und Nullstellen mithilfe von Iterationsverfahren.

Numerische Berechnung von Fixpunkten: Das Verfahren von Banach

Der Prototyp aller Iterationsverfahren zur Berechnung von Fixpunkten ist das Banach-Verfahren, das seinerseits auf dem Fixpunktsatz von Banach beruht. Benannt ist dieser nach dem polnischen Mathematiker Stefan Banach (1892 bis 1945). Er hat, unter uns gesagt, in seinem Leben sicherlich viel tiefliegendere Ergebnisse erzielt als diesen Satz, aber der ist sicherlich am bekanntesten.

Um den Satz formulieren zu können, brauchen wir den Begriff der kontrahierenden Funktion:

Definition 3.1
Es sei $[a, b]$ ein Intervall. Eine Funktion $T : [a, b] \to \mathbb{R}$ heißt **kontrahierend,** wenn gilt:

1. Für jedes $x \in [a, b]$ ist auch $T(x) \in [a, b]$.
2. Es gibt eine Konstante r mit $0 < r < 1$, die also zwischen 0 und 1 liegt, mit der Eigenschaft: Für alle $x, y \in [a, b]$ ist

$$|T(x) - T(y)| \le r \cdot |x - y|.$$

Besserwisserinfo
Die unter 1. geforderte Eigenschaft schreibt man oft kurz in der Form $T([a, b]) \subset [a, b]$. Das Bild des Intervalls $[a, b]$ ist also wieder in diesem enthalten.

G. Walz, *Fixpunkte und Nullstellen*, essentials, https://doi.org/10.1007/978-3-658-35577-7_3

Plauderei

Anschaulich gesprochen liegen nach 2. bei einer kontrahierenden Funktion die Bildpunkte „näher beieinander" als die Urbilder, woraus sich die Bezeichnung „kontrahierend" (zusammenziehend) erklärt.

Schauen wir uns gleich ein Beispiel an:

Beispiel 3.1

Die Funktion

$$T(x) = x^2$$

ist auf dem Intervall $[-\frac{1}{4}, \frac{1}{4}]$ kontrahierend (mit $r = 1/2$), denn für alle x, y aus diesem Intervall gilt

$$|x^2 - y^2| = |(x + y)(x - y)| = |(x + y)| \cdot |(x - y)| \leq \frac{1}{2}|x - y|;$$

Letzteres, weil die Summe zweier Zahlen, die im Intervall $[-\frac{1}{4}, \frac{1}{4}]$ liegen, betragsmäßig nicht größer als $\frac{1}{2}$ sein kann.

Weiterhin liegt sicherlich das Quadrat jeder Zahl aus dem Intervall $[-\frac{1}{4}, \frac{1}{4}]$ wiederum in diesem Intervall. Damit sind die beiden in Definition 3.1 geforderten Eigenschaften erfüllt.   ∎

Der folgende Satz liefert ein meist recht einfach nachzuprüfendes Kriterium dafür, dass eine Funktion kontrahierend ist. Er benutzt eine Aussage über die Ableitung einer Funktion. Nun wendet sich dieses Büchlein laut Untertitel (auch) an Nicht-mathematiker, daher kann ich natürlich nicht voraussetzen, dass Sie das Ableiten einer Funktion gelernt haben. Das will ich auch gar nicht, wenn Ihnen dieser Begriff fremd ist, können Sie den nächsten Satz und das anschließende Beispiel ohne Schaden überspringen oder sogar -fliegen. Wenn Sie jedoch mit dem Begriff Ableitung etwas anfangen können, sollten sie den Satz unbedingt lesen, er macht das Leben oder zumindest den Nachweis der Kontraktionseigenschaft oft leichter.

Satz 3.1

Ist T auf dem Intervall $[a, b]$ stetig ableitbar, gilt $T([a, b]) \subset [a, b]$, und ist weiterhin

$$|T'(x)| < 1 \qquad\qquad (3.1)$$

für alle $x \in [a, b]$, so ist T auf $[a, b]$ kontrahierend.

Mit einem Beweis dieses Satzes will ich Sie nicht auch noch quälen, er ist zwar nicht sehr aufwendig, aber ich würde trotzdem lieber gleich zu Beispielen übergehen:

Beispiel 3.2

a) Für die Funktion $T(x) = x^2$ gilt $T'(x) = 2x$, also erfüllt sie beispielsweise auf dem Intervall $[-\frac{1}{4}, \frac{1}{4}]$ die Voraussetzung des Satzes, denn für alle x aus diesem Intervall liegt $T'(x)$ zwischen $-\frac{1}{2}$ und $+\frac{1}{2}$, ist also betragsmäßig kleiner als 1. Die Funktion ist also dort kontrahierend; in Beispiel 3.1 wurde das bereits zu Fuß gezeigt.

b) Auf dem Intervall $I = [0, 1]$ ist die Funktion $T(x) = \cos(x)$ kontrahierend: Die Ableitung von T ist $T'(x) = -\sin(x)$; diese Funktion ist negativ auf $(0, 1]$, somit ist T hier streng monoton fallend. Da außerdem $T(0)$ und $T(1)$ in I liegen, gilt $T(I) \subset I$. Die Kontraktionsbedingung folgt direkt aus Satz 3.1, da für alle $x \in [0, 1]$ gilt:

$$|T'(x)| = |-\sin(x)| \le |-\sin(1)| = \sin(1) \approx 0{,}84147 < 1.$$

∎

Nun aber endlich der erwähnte Satz von Banach, damit Sie auch wissen, warum Sie sich mit der Definition der kontrahierenden Funktionen herumschlagen mussten:

Satz 3.2 (Fixpunktsatz von Banach)

Es sei T eine auf einem Intervall $[a, b]$ definierte kontrahierende Funktion. Dann gelten folgende Aussagen:

1. *Es existiert genau ein Fixpunkt $\overline{x}$ von T in diesem Intervall.*
2. *Definiert man, mit beliebigem $x_0 \in [a, b]$, eine Folge $\{x_i\}$ durch*

$$x_{i+1} = T(x_i), \text{ für } i = 0, 1, 2, \ldots, \tag{3.2}$$

so konvergiert diese Folge gegen $\bar{x}$, *d. h.:*

$$\lim_{i \to \infty} x_i = \bar{x}.$$

Das unter den Voraussetzungen des Satzes konvergente Verfahren (3.2) nennt man das **Banach-Verfahren.** Es liefert also eine Folge, die gegen den einzigen Fixpunkt der Funktion T in $[a, b]$ konvergiert.

Beispiel 3.3
Auf dem Intervall $[1, 2]$ betrachte ich die Funktion

$$T(x) = 1 + \frac{1}{1 + x}.$$

Um zu zeigen, dass diese Funktion das Intervall $[1, 2]$ in sich selbst abbildet, untersuche ich zunächst die Bilder der Randpunkte: Es ist $T(1) = \frac{3}{2}$ und $T(2) = \frac{4}{3}$. Da außerdem T auf I streng monoton ist, folgt

$$T([1, 2]) \subset \left[\frac{4}{3}, \frac{3}{2}\right] \subset [1, 2].$$

Um die Kontraktionseigenschaft nachzuweisen, könnte man die Ableitung von T berechnen und Satz 3.1 bemühen. Ich hatte ja aber gesagt, dass Sie in den allermeisten Fällen auch ohne die Ableiterei auskommen, und deswegen zeige ich jetzt, wie es auch direkt geht:

Sind $x, y \in [1, 2]$, also $1 \leq x, y \leq 2$, so ist

$$|T(x) - T(y)| = \left|\frac{1}{1 + x} - \frac{1}{1 + y}\right| \tag{3.3}$$

$$= \frac{|x - y|}{(1 + x)(1 + y)}.$$

Nun muss man beachten, dass für Zahlen x und y, die zwischen 1 und 2 liegen, stets gilt:

$$x + 1 \geq 2 \text{ und } y + 1 \geq 2,$$

also
$$(x + 1)(y + 1) \geq 4.$$

Deshalb gilt
$$\frac{|x - y|}{(1 + x)(1 + y)} \leq \frac{1}{4} \cdot |x - y|,$$

wegen (3.3) also
$$|T(x) - T(y)| \leq \frac{1}{4} \cdot |x - y|.$$

T ist also kontrahierend mit der Konstanten $r = \frac{1}{4}$.

Um den nach Satz 3.2 somit existierenden Fixpunkt $\overline{x}$ zu bestimmen, löse ich die Fixpunktgleichung
$$\overline{x} = 1 + \frac{1}{1 + \overline{x}}$$

nach $\overline{x}$ auf und erhalte $\overline{x}^2 = 2$, also $\overline{x} = \sqrt{2}$, da $-\sqrt{2}$ nicht in $[1, 2]$ liegt.

Wohlgemerkt: Das muss man eigentlich gar nicht machen, man weiß aus Satz 3.2 ja schon, dass das Verfahren gegen einen Fixpunkt konvergiert, und könnte munter drauf los rechnen. Ich habe das hier nur gemacht, um schon mal eine Ahnung davon zu bekommen bzw. zu vermitteln, wogegen die Folge konvergieren wird; ich weiß jetzt, dass $\overline{x} = \sqrt{2}$ ist, also
$$\overline{x} \approx 1{,}41421 \tag{3.4}$$

Berechnet man nun endlich die ersten Werte der durch
$$x_{i+1} = 1 + \frac{1}{1 + x_i}, \text{ für } i = 0, 1, 2, \ldots,$$

definierten Folge, beginnend mit $x_0 = 1$, erhält an
$$x_0 = 1$$
$$x_1 = 1{,}5$$
$$x_2 = 1{,}4$$
$$x_3 = 1{,}41666$$
$$x_4 = 1{,}41379$$
$$x_5 = 1{,}41428$$

Die Konvergenz gegen den in (3.4) angegebenen Wert ist offensichtlich. ∎

Bevor ich noch weitere Beispiele angebe, formuliere ich noch zwei **Fehlerabschätzungen** für die nach Banach berechneten Folgen $\{x_i\}$, also Abschätzungen für die Größe

$$|x_i - \bar{x}|.$$

Die Wichtigkeit von Fehlerabschätzungen in der numerischen Mathematik kann gar nicht hoch genug angesetzt werden, denn man muss natürlich stets die Kontrolle darüber haben, wie gut die durch den Prozess berechnete Näherung ist. Für das Banach-Verfahren hat man die folgenden Abschätzungen zur Verfügung:

Satz 3.3

Mit den Voraussetzungen und Bezeichnungen von Satz 3.2 gelten für jeden positiven Index i die folgenden Fehlerabschätzungen:

a)

$$|\bar{x} - x_i| \leq \frac{r^i}{1 - r} \cdot |x_1 - x_0|$$

b)

$$|\bar{x} - x_i| \leq \frac{r}{1 - r} \cdot |x_i - x_{i-1}|$$

Besserwisserinfo

Eine Abschätzung des unter a) formulierten Typs bezeichnet man als **a-priori-Abschätzung**, da man diese gleich zu Beginn der Iteration (genauer gesagt nach Berechnung von x_1) durchführen kann. Demgegenüber ist die Aussage in b) eine **a-posteriori-Abschätzung**, da diese erst nach Berechnung des aktuellen Wertes x_i bestimmt werden kann. Im Allgemeinen wird die a-posteriori-Abschätzung schärfer sein, da hier die aktuellste Information verwendet wird.

Beispiel 3.4

Ich greife nochmal Beispiel 3.3 auf und sammle zunächst die dort berechneten Daten nochmal zusammen: Es ist

$$r = \frac{1}{4}, \text{ also } 1 - r = \frac{3}{4},$$

sowie

$$x_0 = 1,0 \text{ und } x_1 = 1,5, \text{ also } |x_1 - x_0| = 0.5.$$

Weiterhin wurde berechnet:

$$x_4 = 1,41379 \text{ und } x_5 = 1,41428, \text{ also } |x_4 - x_5| = 0,49 \cdot 10^{-3}.$$

Für $i = 5$ liefern die in Satz 3.3 formulierten Abschätzungen damit folgende Werte:

a)

$$|\sqrt{2} - x_5| \leq \left(\frac{1}{4}\right)^5 \cdot \frac{1}{\frac{3}{4}} \cdot \frac{1}{2} = \frac{1}{4^5} \cdot \frac{4}{3} \cdot \frac{1}{2} = 0,65 \cdot 10^{-3}$$

und

b)

$$|\sqrt{2} - x_5| \leq \frac{1}{4} \cdot \frac{4}{3} \cdot |x_5 - x_4| = \frac{1}{3} \cdot |x_5 - x_4| = 0,16 \cdot 10^{-3}$$

Der tatsächliche Fehler ist übrigens ungefähr gleich $0,72 \cdot 10^{-4}$. Er wird also durch die a-posteriori-Abschätzung noch etwa um den Faktor 2 überschätzt. ∎

Beispiel 3.5

Nach Beispiel 3.2 b) erfüllt die Funktion $f(x) = \cos(x)$ auf dem Intervall $[0, 1]$ die Voraussetzungen des Fixpunktsatzes von Banach; die Kontraktionskonstante ist $r = 0,84147$.

Man kann sich nun die Frage stellen, wie viele Iterationsschritte maximal nötig sind, um den Fixpunkt der Funktion mithilfe des Banach-Verfahrens auf 10^{-2} genau zu berechnen, wenn man die Iteration mit $x_0 = 1$ beginnt. Eine Antwort darauf liefert die a-priori-Abschätzung: Es ist festzustellen, für welches i erstmals die Ungleichung

$$\frac{r^i}{1-r} \cdot |x_1 - x_0| \leq 10^{-2}, \tag{3.5}$$

also

$$r^i \leq \frac{1-r}{|x_1 - x_0|} \cdot 10^{-2} = 0,00345,$$

erfüllt ist, wobei $r = 0,84147$, $x_0 = 1$ und $x_1 = 0,54030$ ist. Mit diesen Werten ist

$$|x_0 - x_1| = 0,45970.$$

Entweder durch Logarithmieren oder Ausprobieren findet man nun heraus, dass (3.5) erstmals für $i = 33$ gilt. ∎

Das nächste und – das sei zu Ihrem Trost gesagt – letzte Beispiel dieses Abschnitts möchte ich ein wenig ausführlicher gestalten. Um Ihnen den Überblick zu erleichtern teile ich es in drei Abschnitte auf:

Beispiel 3.6

a) Ich behaupte, dass die Funktion

$$T(x) = e^{-x}$$

auf dem Intervall $[0, 1]$ kontrahierend ist.
Das kann man wie folgt zeigen: Es ist $T(0) = 1$ und $T(1) = e^{-1} \approx 0,3679$. Außerdem ist die Funktion $T(x) = e^{-x}$ streng monoton fallend, daher gilt

$$T([0, 1]) = [e^{-1}, 1] \subset [0, 1].$$

Die Funktion T bildet also das Intervall $[0, 1]$ in sich ab.
Weiterhin ist – und jetzt benutze ich noch ein einziges Mal die Sache mit der Ableitung – $T'(x) = -e^{-x}$. Für alle x aus dem Inneren von $[0,1]$, also insbesondere $x > 0$, ist somit $|T'(x)| = e^{-x} < 1$. Nach Satz 3.1 ist T daher auf $[0, 1]$ kontrahierend (Abb. 3.1).

b) Nach Teil a) konvergiert also das durch

$$x_{i+1} = e^{-x_i}, i = 0, 1, 2, \ldots \tag{3.6}$$

definierte Iterationsverfahren für jeden Startwert x_0 aus dem Intervall $[0, 1]$ nach Satz 3.2, dem Satz von Banach.
Ich behaupte nun weitergehend, dass es sogar für jeden reellen Startwert konvergiert. Das sieht man in drei Schritte so:
1. Ist $x_0 \in [0, 1]$, so konvergiert das Verfahren wie gerade gezeigt.
2. Ist $x_0 > 1$, so ist $x_1 = e^{-x_0} \in [0, 1]$, und das Verfahren konvergiert ebenfalls nach Satz 3.2, indem man nun x_1 als Startwert betrachtet.
3. Ist schließlich $x_0 < 0$, so ist $x_1 > 1$ und daher, nach dem gerade behandelten Punkt, $x_2 \in [0, 1]$. Auch hier ist also Satz 3.2 anwendbar, nun mit x_2 als Startwert.

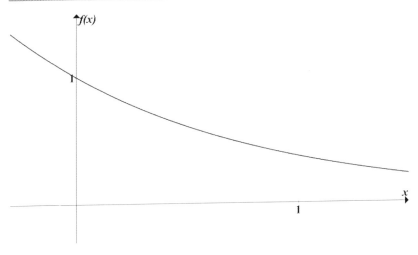

Abb. 3.1 Die Funktion $f(x) = e^{-x}$

c) Es ist also möglich, das Verfahren mit jeder beliebigen reellen Zahl zu starten. Die folgende Tabelle zeigt Ihnen den Verlauf der Rechnung bis zu x_{20} für die Startwerte $x_0 = -1,0$, $x_0 = 0,0$, $x_0 = 2,0$ und $x_0 = 0,5671$.

i	x_i	x_i	x_i	x_i
0	$-1,00000000$	0,00000000	2,00000000	0,56710000
1	2,71828182	1,00000000	0,13533528	0,56716784
2	0,06598803	0,36787944	0,87342301	0,56712936
3	0,93614206	0,69220062	0,41751992	0,56715118
4	0,39213776	0,50047350	0,65867836	0,56713881
5	0,67561103	0,60624353	0,51753487	0,56714583
6	0,50884540	0,54539578	0,59598792	0,56714184
7	0,60118930	0,57961233	0,55101793	0,56714410
8	0,54815931	0,56011546	0,57636281	0,56714282
9	0,57801276	0,57114311	0,56193852	0,56714355
10	0,56101211	0,56487934	0,57010280	0,56714314
11	0,57063122	0,56842872	0,56546728	0,56714337
12	0,56516857	0,56641473	0,56809462	0,56714324
13	0,56826434	0,56755663	0,56660400	0,56714331
14	0,56650784	0,56690891	0,56744922	0,56714327

i	x_i	x_i	x_i	x_i
15	0,56750379	0,56727623	0,56696980	0,56714329
16	0,56693887	0,56706789	0,56724168	0,56714328
17	0,56725923	0,56718605	0,56708748	0,56714329
18	0,56707753	0,56711904	0,56717493	0,56714328
19	0,56718058	0,56715704	0,56712534	0,56714329
20	0,56712214	0,56713549	0,56715347	0,56714329

■

Die Berechnung von Nullstellen ist seit alters her ein wichtiges Thema in der Mathematik. Von daher kann es nicht verwundern, dass viele Verfahren hierfür existieren. In diesem Kapitel lernen Sie zwei der der wichtigsten dafür kennen, das Bisektionsverfahren und das Newton-Verfahren, sowie im Anschluss einige Modifikationen davon.

Möglicherweise fragen Sie sich gerade: Wozu braucht man überhaupt numerische Verfahren zur Nullstellenberechnung, es gibt doch die p-q-Formel? Nun, das wäre ein Trugschluss, denn die p-q-Formel ist nur für Polynome zweiten Grades, also für eine ganz kleine Teilmenge der Menge aller Funktionen, anwendbar. Für Polynome dritten und vierten Grades gibt es zwar auch noch Lösungsformeln, aber die sind schon recht kompliziert, und für Polynome fünften und höheren Grades gibt es nach einem berühmten Satz von Abel gar keine Lösungsformeln mehr. Und selbst wenn es welche gäbe: Schon bei eigentlich recht einfachen Gleichungen wie beispielsweise $xe^x - 1 = 0$ wären diese am Ende, denn $f(x) = xe^x - 1$ ist nun mal kein Polynom.

Sie sehen also: Man braucht also numerische Verfahren; und damit sollte ich nun endlich beginnen.

4.1 Das Bisektionsverfahren

Das Bisektionsverfahren ist ein sehr einfaches Verfahren, es benötigt als Voraussetzung nur, dass die zu untersuchenden Funktion stetig ist, dass man ihren Graphen also „ohne abzusetzen durchzeichnen kann". Als Preis hierfür hat man es mit einer recht langsamen Konvergenz zu tun.

Aber der Reihe nach, ich sollte das Verfahren zuerst schildern, bevor ich auf seine Vor- und Nachteile eingehe. Gegeben sei also eine stetige Funktion f, deren

© Der/die Autor(en), exklusiv lizenziert durch Springer Fachmedien Wiesbaden
GmbH, ein Teil von Springer Nature 2021
G. Walz, *Fixpunkte und Nullstellen*, essentials,
https://doi.org/10.1007/978-3-658-35577-7_4

Nullstelle gesucht ist. Vorausgesetzt ist, dass man bereits zwei Punkte gefunden hat, nennen wir sie a_0 und b_0, in denen die Funktionswerte verschiedenes Vorzeichen haben. Die Funktion hat also zwischen a_0 und b_0 (mindestens) eine Nullstelle, die ich mit x^* bezeichnen will.

Um im Folgenden nicht unnötig viele Fälle unterscheiden zu müssen nehme ich einmal ohne jede Beschränkung der Allgemeinheit an, dass

$$f(a_0) < 0 \text{ und } f(b_0) > 0$$

ist.

Als erste Näherung an x^* berechnet man nun den Mittelwert von a_0 und b_0, also

$$x_0 = \frac{a_0 + b_0}{2}.$$

Nun berechnet man den Funktionswert $f(x_0)$ und muss drei Fälle unterscheiden:

Fall 1: $f(x_0) = 0$. So viel Glück wird man selten haben, aber immerhin, möglich ist es. In diesem Fall ist man fertig, denn man hat die Nullstelle gefunden.

Fall 2: $f(x_0) < 0$. Die Funktion nimmt also in x_0 einen negativen Wert an, ebenso wie in a_0; anders formuliert: Die Vorzeichen von $f(x_0)$ und $f(b_0)$ sind verschieden, und das bedeutet, dass eine Nullstelle zwischen x_0 und b_0 liegen muss. Man setzt dann

$$a_1 = x_0 \text{ und } b_1 = b_0$$

und beginnt von vorn.

Fall 3: $f(x_0) > 0$. In diesem Fall liegt die Nullstelle zwischen a_0 und x_0. Man setzt

$$a_1 = a_0 \text{ und } b_1 = x_0$$

und beginnt von vorn.

So fortfahrend, also durch fortwährende **Intervallhalbierung** („Bisektion"), grenzt man die Lage der Nullstelle immer weiter ein, bis die gewünschte Genauigkeit erreicht ist.

Das schreibe ich nun noch algorithmisch auf; beachten Sie, dass im Folgenden die Spezialisierung $f(a_0) < 0$ und $f(b_0) > 0$ nicht mehr notwendig ist.

Bisektionsverfahren

Für $m = 0, 1, 2, \ldots$ führe man folgende Schritte durch:

- Gegeben sind Werte a_m und b_m mit $a_m < b_m$ und

$$f(a_m) \cdot f(b_m) < 0.$$

- Man berechnet

$$x_m = \frac{a_m + b_m}{2} \quad \text{und} \quad f(x_m).$$

- Ist $f(x_m) = 0$, so ist das Verfahren beendet und x_m die gesuchte Nullstelle.
- Ist das Intervall $[a_m, b_m]$ klein genug, also bspw.

$$b_m - a_m < \epsilon$$

mit einer vorher festzulegenden kleinen positiven Zahl ϵ, so ist das Verfahren beendet und x_m eine genügend genaue Näherung an die gesuchte Nullstelle.
- Andernfalls berechnet man das Produkt

$$p_m = f(x_m) \cdot f(a_m).$$

- Ist $p_m > 0$, haben also $f(x_m)$ und $f(a_m)$ dasselbe Vorzeichen, so setzt man

$$a_{m+1} = x_m \quad \text{und} \quad b_{m+1} = b_m$$

und beginnt von vorn.
- Ist $p_m < 0$, haben also $f(x_m)$ und $f(a_m)$ verschiedene Vorzeichen, so setzt man

$$a_{m+1} = a_m \quad \text{und} \quad b_{m+1} = x_m$$

und beginnt von vorn.

Besserwisserinfo

Ein Wort noch zu dem Abbruchkriterium $b_m - a_m < \epsilon$. Beachten Sie, dass das Verfahren eine Folge von Intervallen produziert, die alle die gesuchte Nullstelle x^* enthalten, und ebenso natürlich den Mittelpunkt x_m. Daher gilt

$$|x^* - x_m| < b_m - a_m.$$

Ist also die rechte Seite dieser Ungleichung kleiner als ϵ, so gilt das auch für die linke, also für den Abstand von x_m und x^*.

Die Anzahl der zur Erreichung dieser Genauigkeit notwendigen Iterationsschritte kann man übrigens a priori berechnen; das liegt im Wesentlichen daran, dass man die Intervalllängen in jedem Schritt genau halbiert, dass also für alle $m \in \mathbb{N}$ gilt:

$$b_m - a_m = \frac{b_0 - a_0}{2^m}.$$

Will man also ein Ergebnis garantieren, das auf d Nachkommastellen genau ist, so muss (wegen Rundung) gelten:

$$\frac{b_0 - a_0}{2^m} < 0{,}5 \cdot 10^{-d}.$$

Wendet man hierauf nun den Logarithmus zur Basis 10 an und wirbelt ein wenig mit den Regeln der Logarithmenrechnung herum, erhält man die Bedingung:

$$m > 1 + \frac{d + \log(b_0 - a_0)}{\log(2)}. \tag{4.1}$$

– Und wenn man keine Lust auf „Regeln der Logarithmenrechnung" hat, ist es auch nicht schlimm; dann nimmt man die Ungleichung (4.1) eben einfach mal hin.

Beispiel 4.1

Mithilfe des Bisektionsverfahrens soll die Nullstelle der Funktion

$$f(x) = x \cdot e^x - 1$$

auf drei Nachkommastellen genau berechnet werden. Aufgrund einer göttlichen Eingebung – zu der ich gleich noch etwas sagen werde – haben wir bereits die guten Näherungswerte $a_0 = 0,5$ und $b_0 = 0,6$ mit

$$f(a_0) = -0,175 < 0 \text{ und } f(b_0) = 0,093 > 0$$

erhalten. Mit $d = 3$ ergibt sich

$$m > 1 + \frac{\log(0,1) + 3}{\log(2)} = 1 + \frac{2}{\log(2)} = 7,64.$$

Es ist also damit zu rechnen, dass wir uns bis x_8 durchkämpfen müssen. Die Ergebnisse sind in folgender Tabelle zusammengefasst:

m	a_m	b_m	x_m	$f(x_m)$
0	0,5000	0,6000	0,5500	$-0,04670$
1	0,5500	0,6000	0,5750	0,02185
2	0,5500	0,5750	0,5625	$-0,01285$
3	0,5625	0,5750	0,5688	0,00458
4	0,5625	0,5688	0,5657	$-0,00398$
5	0,5657	0,5688	0,5673	0,00043
6	0,5657	0,5673	0,5665	$-0,00178$
7	0,5665	0,5673	0,5669	$-0,00067$
8	0,5669	0,5673	0,5671	$-0,00012$

Auf drei Nachkommastellen genau ist die Lösung also $x^* = 0,567$. ∎

Besserwisserinfo
- Mit einer göttlichen Eingebung zur Wahl von geeigneten Startwerten wird man leider nur selten rechnen können, man benötigt daher eine konstruktive Methode zum Auffinden eines geeigneten Startintervalls. Eine der einfachsten und zuverlässigsten ist sicherlich immer noch die gute alte Wertetabelle: Man berechnet einige Funktionswerte, so lange, bis man einen Vorzeichenwechsel feststellen kann. Die beiden zuletzt benutzten x-Werte schließen dann eine Nullstelle ein.

- Besitzt die Funktion mehr als eine Nullstelle – auch das kann man mithilfe einer Wertetabelle oder auch einer kleinen Kurvendiskussion feststellen –, und will man diese alle berechnen, so muss man das Bisektionsverfahren mehrfach durchlaufen und dabei jeweils ein anderes Startintervall benutzen.

Beispiel 4.2

Ich behaupte, dass die Funktion

$$f(x) = 2x^3 + x - 2$$

genau eine reelle Nullstelle hat. Das kann man mithilfe der Ableitung beweisen, aber wer will das schon? Anstelle dessen kann man auch einfach mal den Graphen der Funktion in Abb. 4.1 anschauen.

Ich berechne diese Nullstelle mithilfe des Bisektionsverfahrens und gönne uns diesmal fünf Nachkommastellen. Ich starte mit den Werten $a_0 = 0{,}5$ und $b_0 = 1$

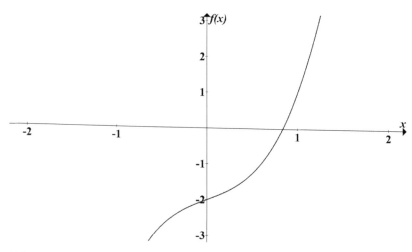

Abb. 4.1 Die Funktion $f(x) = 2x^3 + x - 2$

und führe sechs Iterationsschritte durch. Außerdem gebe ich noch die Werte $f(a_m)$ und $f(b_m)$ mit an. Die Ergebnisse stehen in der folgenden Tabelle:

m	a_m	b_m	x_m	$f(a_m)$	$f(b_m)$	$f(x_m)$
0	0,50000	1,00000	0,75000	$-1,25000$	1,00000	$-0,40625$
1	0,75000	1,00000	0,87500	$-0,40625$	1,00000	0,21484
2	0,75000	0,87500	0,81250	$-0,40625$	0,21484	$-0,11475$
3	0,81250	0,87500	0,84375	$-0,11475$	0,21484	0,04510
4	0,81250	0,84375	0,82813	$-0,11475$	0,04510	$-0,03601$
5	0,82813	0,84375	0,83594	$-0,03601$	0,04510	0,00424
6	0,82813	0,83594	0,83204			

Also ist $x_6 = 0,83204$. Der exakte Wert ist übrigens $x^* = 0,83512$. ∎

4.2   Es geht noch besser: Das Newton-Verfahren

Die Konvergenzgeschwindigkeit des Bisektionsverfahrens ist recht zufriedenstellend, aber auch nicht gerade berauschend. Ein im Allgemeinen sehr viel schneller konvergentes Verfahren stellt das Newton-Verfahren dar, das benannt ist nach Sir Isaac Newton (1643 bis 1727).

Das Newton-Verfahren ist sicherlich das wichtigste und meistgebrauchte Verfahren zur Nullstellenbestimmung überhaupt. Es zeichnet sich durch eine sehr schnelle Konvergenz aus, zumindest wenn man der gesuchten Nullstelle bereits nahe genug ist. Ein kleiner Nachteil besteht darin, dass man im Allgemeinen nicht genau sagen kann, was „nahe genug" genau bedeutet, aber dieser Nachteil wiegt in der Praxis meist nicht schwer. Außerdem muss man sich beim Newton-Verfahren mit Ableitungen herumschlagen, aber da bin ich bei Ihnen, keine Sorge. und wenn Sie diese Aussage nicht so wirklich beruhigt (was ich verstehen könnte): Im nächsten Abschnitt zeige ich Ihnen eine Modifikation des Verfahrens, die ganz ohne Ableitungen auskommt.

Vielleicht sind sie ja aber doch neugierig, wie das mit dem Ableiten zumindest von einfachen Funktionen funktioniert. In diesem Fall habe ich hier zwei Bessserwisserinfos für Sie:

Besserwisserinfo

Für jede natürliche Zahl n wird die Ableitung der Funktion x^n an einer beliebigen Stelle x angegeben durch nx^{n-1}. Der Exponent wird also als Faktor vornedran geschrieben und anschließend (im Exponenten) um 1 vermindert.

Beispielsweise ist also die Ableitung der Funktion x^3 an einer beliebigen Stelle x gleich $3x^2$; an der Stelle $x = 2$ hat sie somit den Wert $3 \cdot 4 = 12$, an der Stelle $x = 0$ den Wert null.

Die Ableitung der Funktion x $(= x^1)$ ist überall gleich $1x^0 = 1$, diejenige der konstanten Funktion 1 $(= x^0)$ ist überall gleich null.

Wendet man diese Besserwisserinfo nun auf die einzelnen Summanden eines Polynoms $p(x)$ an, weiß man sofort, wie man die Ableitung dieses Polynoms – meist bezeichnet mit $p'(x)$ – bestimmt:

Besserwisserinfo

Die Ableitung des Polynoms

$$p(x) = a_n x^n + a_{n-1} x^{n-1} + \cdots + a_1 x + a_0$$

an einer beliebigen Stelle x lautet

$$p'(x) = na_n x^{n-1} + (n-1)a_{n-1} x^{n-2} + \cdots + 2a_2 x + a_1$$

Beispiel 4.3

Die Ableitung des Polynoms

$$p(x) = x^4 + 2x^3 - \frac{1}{2}x^2 + 3x + 42$$

ist

$$p'(x) = 4x^3 + 6x^2 - x + 3.$$

An der Stelle $x = 2$ hat dieses Polynom also die Steigung $p'(2) = 32 + 24 - 2 + 3 = 57$. Ganz schön steil. ∎

Das war's auch schon, mehr müssen Sie über das Ableiten für das Verständnis der folgenden Seiten eigentlich nicht wissen.

Das Newton-Verfahren ist zwar ein rein rechnerisch durchführbares Iterationsverfahren, lässt sich jedoch sehr schön anschaulich-geometrisch motivieren, und genau das will ich jetzt tun: Gegeben sei eine auf einem Intervall $[a, b]$ differenzierbare Funktion f, von der man weiß, dass sie in diesem Intervall eine Nullstelle x^* besitzt (beispielsweise, weil $f(a)$ und $f(b)$ verschiedene Vorzeichen haben). Außerdem kennt man einen Wert x_0, der in der Nähe der gesuchten Nullstelle liegt, also eine Startnäherung. Nun kommt die Grundidee des Verfahrens: Man legt im Punkt x_0 die sogenannte Tangente $t(x)$ an $f(x)$; das ist diejenige Gerade, die den Graphen von f an der Stelle x_0 gerade berührt (s. Abb. 4.2). Dann berechnet man die Nullstelle x_1 dieser Tangente, in der (meist berechtigten) Hoffnung, dass diese eine bessere Näherung an die eigentlich gesuchte Nullstelle x^* darstellt als die Startnäherung x_0. Nun legt man die Tangente im neuen Punkt x_1 an die Funktion, berechnet deren Nullstelle x_2, usw.

In Formeln lautet das so: Die Tangente an f in x_0 ist eine Gerade, hat also eine Gleichung der Form $t(x) = ax + b$. Da ihre Steigung in x_0 gleich der von f in x_0 ist, also $f'(x_0)$, muss $a = f'(x_0)$ sein. Die Tangentengleichung hat also die Form

$$t(x) = f'(x_0) \cdot x + b. \tag{4.2}$$

Und da auch der Funktionswert von t in x_0 derselbe wir der von f sein soll, also $t(x_0) = f(x_0)$ gelten soll, führt (4.2) nach Einsetzen von x_0 zu

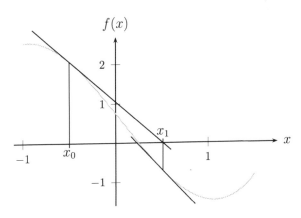

Abb. 4.2 Funktion mit Tangenten in x_0 und x_1

$$f(x_0) = t(x_0) = f'(x_0) \cdot x_0 + b,$$

also $b = f(x_0) - f'(x_0) \cdot x_0$.

Insgesamt haben wir herausgefunden: Die Gleichung der Tangente $t(x)$ an $f(x)$ in x_0 lautet

$$t(x) = f'(x_0) \cdot x + f(x_0) - f'(x_0) \cdot x_0. \qquad (4.3)$$

Die Nullstelle x_1 dieser Tangente auszurechnen, ist kein Problem, man muss dazu nur die Gleichung

$$f'(x_0) \cdot x_1 + f(x_0) - f'(x_0) \cdot x_0 = 0$$

nach x_1 auflösen; ich traue Ihnen diese Umrechnung durchaus zu und gebe direkt das Ergebnis an; es lautet:

$$x_1 = x_0 - \frac{f(x_0)}{f'(x_0)}. \qquad (4.4)$$

Nun beginnt das Spiel von vorn, man legt die Tangente $t_1(x)$ an f in x_1 und berechnet deren Nullstelle, nennen wir sie x_2. Die entsprechende Formel lautet in Analogie zu (4.4):

$$x_2 = x_1 - \frac{f(x_1)}{f'(x_1)}. \qquad (4.5)$$

Ich vermute stark, Sie ahnen schon, wie es weitergeht: Man legt nun die Tangente an f in x_2 und berechnet deren Nullstelle x_3, danach legt man die Tangente an f in x_3 usw.

Das ist der Hintergrund des Newton-Verfahrens, das ich nun formal aufschreiben werde. Beachten Sie, dass das Aufstellen der Tangentengleichung in (4.3) nur ein Zwischenschritt war, den man nicht explizit durchführen muss; die Berechnung der Nullstelle gemäß (4.4) bzw. (4.5) kommt ohne diesen Zwischenschritt aus.

Das Newton-Verfahren

Gegeben sei eine ableitbare Funktion f, deren Nullstelle x^* man bestimmen will.

- Man wählt eine Startnäherung $x_0 \in [a, b]$, die der Nähe von x^* liegt.
- Man berechnet für $i = 0, 1, 2, \ldots$:

$$x_{i+1} = x_i - \frac{f(x_i)}{f'(x_i)}. \qquad (4.6)$$

- Konvergiert die Folge der x_i gegen einen Grenzwert x^*, so ist x^* eine Nullstelle von f.   ■

Dass der Grenzwert der Folge $\{x_i\}$ eine Nullstelle von f ist, ist übrigens nicht schwer zu sehen: In einem Grenzwert ändern sich die durch (4.6) berechneten Werte ja nicht mehr, es gilt also

$$x^* = x^* - \frac{f(x^*)}{f'(x^*)},$$

also ist $f(x^*) = 0$.

Bevor ich mich in weitere mehr oder weniger tiefliegende theoretische Aussagen versteige, wird es wohl höchste Zeit für Beispiele.

Beispiel 4.4

a) Ich möchte das Newton-Verfahren auf die Funktion $f(x) = x^3 + x^2 - 1$ anwenden. Da $f(0) = -1$ negativ ist, $f(1) = 1$ jedoch positiv, muss im Intervall $[0, 1]$ eine Nullstelle der Funktion liegen. Ich starte daher das Verfahren mit $x_0 = 0{,}5$. Die Ableitung der Funktion lautet $f'(x) = 3x^2 + 2x$, die Iterationsvorschrift ist also

$$x_{i+1} = x_i - \frac{x_i^3 + x_i^2 - 1}{3x_i^2 + 2x_i} \text{ für } i = 0, 1, 2, \ldots \qquad (4.7)$$

und liefert folgende Werte:

$$x_1 = 0{,}85714286$$
$$x_2 = 0{,}76413691$$
$$x_3 = 0{,}75496349$$
$$x_4 = 0{,}75487768$$
$$x_5 = 0{,}75487767$$

b) Die Funktion

$$f(x) = e^{2x} - 2x^2 - 3x$$

besitzt genau eine reelle Nullstelle, wie man beispielsweise an Abb. 4.3 sieht. Ich will diese mit dem Newton-Verfahren unter Benutzung des Startwerts $x_0 = -1$ bestimmen.

Die Ableitung der Funktion lautet $f'(x) = 2e^{2x} - 4x - 3$ (OK, das ist jetzt ausnahmsweise mal kein reines Polynom, aber dass die Ableitung von e^{2x} lautet: $2e^{2x}$, bitte ich jetzt einfach mal zu glauben).

Als Iterationsvorschrift des Newton-Verfahrens ergibt sich damit hier

$$x_{i+1} = x_i - \frac{e^{2x_i} - 2x_i^2 - 3x_i}{2e^{2x_i} - 4x_i - 3}.$$

Man erhält damit folgende Werte:

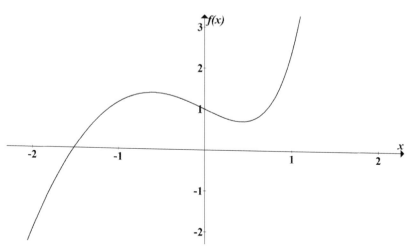

Abb. 4.3 Die Funktion $f(x) = e^{2x} - 2x^2 - 3x$

$$x_0 = -1{,}00000000$$
$$x_1 = -1{,}89349302$$
$$x_2 = -1{,}57580660$$
$$x_3 = -1{,}51793052$$
$$x_4 = -1{,}51590978$$
$$x_5 = -1{,}51590732.$$

■

Das Leben schreibt nicht immer schöne Geschichten, beispielsweise konvergiert das Newton-Verfahren nicht immer. Auch hierzu ein Beispiel:

Beispiel 4.5
Zu bestimmen sind die Nullstellen der Funktion

$$f(x) = x^4 - 3x^2 - 2$$

mit der Ableitung $f'(x) = 4x^3 - 6x$.

Das Newton-Verfahren lautet in diesem Fall also

$$x_{i+1} = x_i - \frac{x_i^4 - 3x_i^2 - 2}{4x_i^3 - 6x_i}.$$

Wählt man hier als Startwert $x_0 = 1$, so erhält man nacheinander

$$x_1 = 1 - \frac{-4}{-2} = -1$$

und

$$x_2 = -1 - \frac{-4}{2} = 1.$$

Es ist also $x_2 = x_0$ und damit auch $x_3 = x_1$. Das bedeutet aber, dass alle x_i-Werte mit geradem Index gleich 1 und alle mit ungeradem Index gleich -1 sind. Die Folge ist also zyklisch, das Verfahren konvergiert nicht. ■

So kann man einen Abschnitt über ein sehr gutes Berechnungsverfahren nicht beenden, daher hier noch ein positives Beispiel, bei dem ich mich aber ein wenig kürzer fassen will:

Beispiel 4.6

Mithilfe des Newton-Verfahrens sollen alle reellen Nullstellen der Funktion

$$f(x) = x^3 - 7x - 3$$

auf 5 Nachkommastellen genau bestimmt werden.

Ich verschaffe mir zunächst mithilfe einer kleinen Wertetabelle Klarheit über die ungefähre Lage der Nullstellen:

x	-3	-2	-1	0	1	2	3
$f(x)$	-9	3	3	-3	-9	-9	3

Wegen der hier zu erkennenden Vorzeichenwechsel muss in den Intervallen $[-3, -2]$, $[-1, 0]$ und $[2, 3]$ jeweils eine Nullstelle liegen. Andererseits kann ein Polynom dritten Grades wie diese Funktion f nicht mehr als drei Nullstellen haben, somit hat man alle Nullstellen lokalisiert.

Als Startwerte für das Newton-Verfahren kann man beispielsweise die Mittelpunkte der o. g. Intervalle benutzen; die Iterationsvorschrift lautet

$$x_{i+1} = x_i - \frac{x_i^3 - 7x_i - 3}{3x_i^2 - 7}$$

und führt zu folgenden Ergebnissen (ich sagte ja, dass ich mich kurz fassen will):

$$x^{*1} = -2{,}39766, \quad x^{*2} = -0{,}44081, \quad x^{*3} = 2{,}83847.$$

■

4.3   Das Sekantenverfahren

Zur Anwendung des Newton-Verfahrens ist es nötig, die Ableitung der Funktion f zu bestimmen. Dies kann schwierig und in manchen Fällen sogar unmöglich sein. Ist die Funktion, deren Nullstelle man bestimmen soll, beispielsweise aus einer Messreihe entstanden, deren Werte man linear verbunden hat, so ist sie nicht ableitbar, da kann der beste Mathematiker der Welt nichts ändern.

Man kann sich dann dadurch behelfen, indem man die Ableitung durch einen geeigneten Näherungswert ersetzt. Doch was ist „geeignet"? Nun, die Ableitung einer Funktion f an einer Stelle, sagen wir $\overline{x}$, ist ja nichts Anderes als die Steigung des Funktionsgraphen an eben dieser Stelle. Und diese Steigung wiederum kann man nach der guten alten Regel „Differenz der y-Werte dividiert durch Diffenz der x-Werte" annähern durch den Wert

$$\frac{f(\overline{x}) - f(x)}{\overline{x} - x},$$

wobei der Punkt x natürlich nahe bei $\overline{x}$ liegen soll.

Diese Näherung benutzt man nun und ersetzt in der Iterationsvorschrift des Newton-Verfahrens, also

$$x_{i+1} = x_i - \frac{f(x_i)}{f'(x_i)} = x_i - \frac{1}{f'(x_i)} \cdot f(x_i)$$

den Ableitungswert $f'(x_i)$ durch

$$\frac{f(x_i) - f(x_{i-1})}{x_i - x_{i-1}}.$$

Dies liefert die neue Iterationsvorschrift

$$x_{i+1} = x_i - \frac{x_i - x_{i-1}}{f(x_i) - f(x_{i-1})} \cdot f(x_i),$$

oder, ein wenig zusammengefasst:

$$x_{i+1} = \frac{x_{i-1} f(x_i) - x_i f(x_{i-1})}{f(x_i) - f(x_{i-1})}.$$

Das ist das Sekantenverfahren, das ich nun sauber algorithmisch aufschreiben will:

Das Sekantenverfahren
Gegeben sei eine stetige Funktion f, deren Nullstelle x^* man bestimmen will.

- Man wählt zwei Startnäherungen x_0 und x_1 in der Nähe von x^*.
- Man berechnet für $i = 1, 2, \ldots$:

$$x_{i+1} = \frac{x_{i-1} f(x_i) - x_i f(x_{i-1})}{f(x_i) - f(x_{i-1})}. \tag{4.8}$$

- Konvergiert die Folge der x_i gegen einen Grenzwert x^*, so ist x^* eine Nullstelle von f.

Mir ist schon klar, dass hier ein erläuterndes Beispiel her muss, aber zunächst noch etwas für die Besserwisser:

Besserwisserinfo
Der Name Sekantenverfahren deutet schon an, dass man das Verfahren ganz ähnlich wie das Newton-Verfahren auch geometrisch motivieren kann: Während das Newton-Verfahren iterativ Nullstellen von Tangenten berechnet, bestimmt das Sekantenverfahren jeweils die Nullstelle einer Sekanten, also der Geraden, die den Funktionsgraphen an zwei Stellen schneidet, in diesem Fall in x_{i-1} und x_i.

Jetzt aber das versprochene Beispiel:

Beispiel 4.7
Die Funktion

$$f(x) = x^4 - 3x^2 - 2$$

besitzt genau eine positive Nullstelle. Das können Sie mir jetzt entweder einfach mal glauben, oder es anhand einer Wertetabelle überprüfen. Wenn Sie eine Wertetabelle aufgestellt haben, sehen Sie auch, dass $f(1) = -4$ und $f(2) = 2$ ist. Zwischen den Punkten $x_0 = 1$ und $x_1 = 2$ liegt also die Nullstelle, und daher eignen sich diese beiden auch als Startwerte für das Sekantenverfahren; die durch (4.8) berechneten nächsten Werte finden Sie in folgender Tabelle.

i	x_i	$f(x_i)$
0	1,0000	−4,0000
1	2,0000	2,0000
2	1,6667	−2,6173
3	1,8556	−0,4738
4	1,8974	0,1605
5	1,8868	−0,0063
6	1,8872	−0,0007

Somit ist $x_6 = 1,8872$ bereits ein guter Näherungswert an die gesuchte positive Nullstelle; man kann mithilfe des Taschenrechners nachrechnen, dass hier bereits alle gezeigten Nachkommastellen korrekt sind. ■

Plauderei
Das Sekantenverfahren ist auch unter dem Namen „Regula Falsi" (Regel des falschen (Ansatzes)) bekannt; wobei man hier üblicherweise noch fordert, dass die beiden Anfangsnäherungen x_0 und x_1 die Nullstelle x^* einschließen. Man macht also einen „falschen Ansatz", indem man x_0 zu weit links und x_1 zu weit rechts wählt (oder umgekehrt).

Anwendungen 5

In diesem abschließenden Kapitel möchte ich Ihnen exemplarisch zwei Beispiele für die Anwendung der numerischen Fixpunkt- bzw. Nullstellenbestimmung zeigen. Das erste befasst sich mit der Frage, wie man numerisch die Schnittstelle zweier Funktionsgraphen bestimmen kann, das zweite wie man – wobei „man" auch Ihr Taschenrechner sein kann – die Wurzeln aus beliebigen positiven Zahlen effizient und mit hoher Genauigkeit berechnen kann.

5.1 Schnittstellen von Funktionen

Als Schnittstelle zweier Funktionen $f(x)$ und $g(x)$ (genauer gesagt: der Graphen der beiden Funktionen) bezeichnet man die Stellen x^*, in denen gilt

$$f(x^*) = g(x^*). \tag{5.1}$$

Die Funktionen haben hier also gleiche Funktionswerte, ihre Graphen „schneiden" sich.

Das Problem, die Schnittstellen zweier Funktionen zu bestimmen, ist sehr eng verwandt mit der Nullstellenbestimmung. Hat man nämlich zwei Funktionen, deren Schnittpunkt x^* man bestimmen will, so kann man ihre Differenzfunktion, sagen wir

$$h(x) = f(x) - g(x),$$

bilden. Dann löst jede Nullstelle x^* der Differenzfunktion $h(x)$ auch die Gl. (5.1), ist also eine Schnittstelle von f und g.

Ich denke, ein – etwas ausführlicheres – Beispiel genügt hier:

G. Walz, *Fixpunkte und Nullstellen,* essentials,
https://doi.org/10.1007/978-3-658-35577-7_5

Beispiel 5.1

In Abb. 5.1 sehen Sie die Graphen der Funktionen $f(x) = x^3 - 2x + 3$ (gestrichelt) und $g(x) = -x^2 + 3x + 2$ (durchgezogen). Sie erkennen, dass die Funktionen drei Schnittstellen haben, und diese will ich nun numerisch berechnen als Nullstellen der Differenzfunktion

$$h(x) = f(x) - g(x) = x^3 + x^2 - 5x + 1.$$

Ich entscheide mich spontan für das Newton-Verfahren. Die hierfür benötigte Ableitung der Funktion lautet $h'(x) = 3x^2 + 2x - 5$, die Iterationsvorschrift ist also

$$x_{i+1} = x_i - \frac{x_i^3 + x_i^2 - 5x_i + 1}{3x_i^2 + 2x_i - 5} \text{ für } i = 0, 1, 2, \ldots. \tag{5.2}$$

Um die drei verschiedenen Nullstellen zu bestimmen, muss ich natürlich auch nacheinander drei verschiedene Startwerte x_0 wählen. Nach Sichtbefund der Abb. 5.1 entscheide ich mich für die Zahlen $x_0^1 = -3,0$, $x_0^2 = 0,2$ und $x_0^3 = 1,5$, da diese in der Nähe der Schnittpunkte zu liegen scheinen.

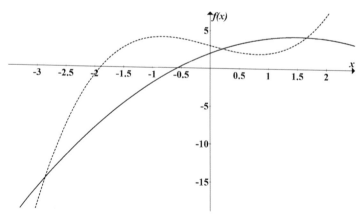

Abb. 5.1 Die Funktionen $f(x) = x^3 - 2x + 3$ (gestrichelt) und $g(x) = -x^2 + 3x + 2$ (durchgezogen)

Anwendung des Newtonverfahrens (5.2) auf diese drei Werte liefert die in der folgenden Tabelle abzulesenden Werte:

i	x_i^1	x_i^2	x_i^3
0	$-3,00000000$	$0,20000000$	$1,50000000$
1	$-2,87500000$	$0,21071429$	$1,68421053$
2	$-2,86624027$	$0,21075588$	$1,65616720$
3	$-2,86619826$	$0,21075588$	$1,65544286$
4	$-2,86619826$	$0,21075588$	$1,65544238$

Auch hier wird wieder die äußerst schnelle Konvergenz des Newton-Verfahrens deutlich. ∎

5.2 Berechnung von $\sqrt{2}$

Vielleicht haben Sie sich ja schon einmal gefragt, wie Ihr Taschenrechner, aber auch Ihr (möglicherweise vorhandener) Höchstleistungscomputer die Zahl $\sqrt{2}$ berechnet. Nun, ich sage es Ihnen, und Sie müssen jetzt einen Moment lang sehr stark sein: Das tut er gar nicht, das Ding betrügt Sie! Allerdings auf eine sehr elegante Art und Weise, so dass Sie diesen Betrug gar nicht bemerken und letztendlich auch keinen Nachteil dadurch haben.

Was der Rechner Ihnen nämlich anzeigt, ist nicht der exakte Wert $\sqrt{2}$ – denn diese irrationale Zahl kann er gar nicht berechnen –, sondern ein Näherungswert. Dieser Näherungswert ist aber wiederum so genau, dass alle angezeigten Ziffern korrekt sind, und somit stimmt die Zahl, die Sie im Display Ihres Rechners sehen, mit der exakten Zahl in allen angezeigten Nachkommastellen überein.

Wie wird nun der angesprochene Näherungswert berechnet? Nun, hier kommen wir wieder zurück zum Newton-Verfahren: Berechnet wird nämlich mithilfe dieses Verfahrens die (positive) Nullstelle der Funktion $f(x) = x^2 - 2$, also $\sqrt{2}$.

Die Ableitung dieser Funktion ist gerade $f'(x) = 2x$, daher lautet die Iterationsvorschrift des Verfahrens in diesem Fall

$$x_{i+1} = x_i - \frac{x_i^2 - 2}{2x_i},$$

oder, ein wenig zusammengefasst,

$$x_{i+1} = \frac{1}{2}\left(x_i + \frac{2}{x_i}\right) \text{ für } i = 0, 1, 2, \ldots \qquad (5.3)$$

Falls Sie meinen Rechenkünsten nicht so recht vertrauen – was ich gut verstehen könnte – so rechnen Sie diese Zusammenfassung lieber noch einmal nach. Übrigens ist uns diese Gleichung in Beispiel 1.2 c) schon einmal begegnet – dort im Kontext Fixpunktbestimmung.

Man kann zeigen, dass die durch (5.3) definierte Folge für jede positive Startnäherung gegen $\sqrt{2}$ konvergiert; theoretisch könnte man also mit $x_0 = 10.000$ beginnen, aber da man ja weiß, dass $\sqrt{2}$ zwischen 1 und 2 liegen muss, wird es eine gute Idee sein, mit $x_0 = 1, 5$ zu beginnen. Die Vorschrift (5.3) liefert dann, gerundet auf sieben Nachkommastellen, folgende Werte:

$$x_1 = 1{,}4166667,$$

$$x_2 = 1{,}4142156,$$

$$x_3 = 1{,}4142135.$$

Bereits bei x_3 sind alle gezeigten Nachkommastellen korrekt; ein Rechner, der nur sieben Nachkommastellen anzeigt, könnte diesen Wert also getrost als $\sqrt{2}$ verkaufen.

Plauderei

Das Iterationsverfahren (5.3) nennt man auch **babylonische Methode** oder **Heron-Verfahren,** denn es war – selbstverständlich ohne die Herleitung über das Newton-Verfahren – bereits im Altertum bekannt. Man kann es nämlich auch direkt plausibel machen: Ist x_i eine Näherung an $\sqrt{2}$, die – beispielsweise – ein wenig kleiner ist als diese Zahl, so ist $\frac{2}{x_i}$ eine Näherung, die ein wenig größer ist als $\sqrt{2}$. Dann wird aber das arithmetische Mittel dieser beiden Werte eine bessere Näherung sein als x_i, und genau dieses arithmetische Mittel berechnet das Verfahren (5.3).

Die geschilderte Methode ist übrigens in keiner Weise auf die (Quadrat-)Wurzel aus 2 beschränkt, vielmehr kann man mit einer leichten Modifikation davon beliebige Wurzeln aus beliebigen positiven Zahlen berechnen. Das geht so: Ist a eine positive reelle Zahl, so ist die m-te wurzel aus a nichts anderes als die Nullstelle der Funktion

$$f(x) = x^m - a.$$

Die Ableitung dieser Funktion ist $f'(x) = mx^{m-1}$, und somit lautet das Verfahren zur numerischen Berechnung der Nullstelle dieser Funktion (also der m-ten Wurzel aus a):

$$x_{i+1} = x_i - \frac{x_i^m - a}{mx_i^{m-1}} \text{ für } i = 0, 1, 2, \ldots \tag{5.4}$$

Beispiel 5.2
Ich möchte – warum auch immer – die dritte Wurzel aus 7 berechnen. Hierfür benutze ich das Verfahren (5.4), wobei ich $m = 3$ und $a = 7$ setzen muss. Die Berechnungsvorschrift lautet also in diesem Fall

$$x_{i+1} = x_i - \frac{x_i^3 - 7}{3x_i^2} \text{ für } i = 0, 1, 2, \ldots$$

Um einen guten Startwert x_0 zu finden kann man pragmatisch vorgehen: Wegen $2^3 = 8$ muss die dritte Wurzel aus 7 in der Nähe von 2 liegen; also ist beispielsweise $x_0 = 2$ eine gute Wahl. Man erhält dann folgende Werte:

$$x_1 = 1{,}91666667,$$
$$x_2 = 1{,}91293846,$$
$$x_3 = 1{,}91293118.$$

Auch hier sind bereits bei x_3 alle angezeigten Nachkommastellen korrekt.　■

Und damit ist unser kleiner gemeinsamer Ausflug in die Welt der Fixpunkte und Nullstellen, insbesondere deren numerische Berechnung, auch schon wieder beendet. Ich hoffe, Sie hatten ein wenig Spaß daran und haben auch etwas Neues erfahren.

Was Sie aus diesem *essential* mitnehmen können

- Nullstellen und Fixpunkte hängen engstens zusammen
- Es gibt mehrere effiziente Verfahren zur numerischen Berechnung von Nullstellen und Fixpunkten
- Eine Antwort auf die Frage: Wie berechnet mein Computer eigentlich $\sqrt{2}$?

© Der/die Herausgeber bzw. der/die Autor(en), exklusiv lizenziert durch Springer Fachmedien Wiesbaden GmbH, ein Teil von Springer Nature 2021
G. Walz, *Fixpunkte und Nullstellen*, essentials,
https://doi.org/10.1007/978-3-658-35577-7

Literatur

Meinardus, G., & Merz, G. (1979). *Praktische Mathematik I*. B.I.-Wissenschaftsverlag.
Opfer, G. (2008). *Numerische Mathematik für Anfänger* (5. Aufl.). Vieweg+Teubner.
Walz, G. (2018). *Gleichungen und Ungleichungen – Klartext für Nichtmathematiker*. Springer-Spektrum.
Walz, G. (2020). *Mathematik für Hochschule und duales Studium* (3, Aufl.). Springer

© Der/die Herausgeber bzw. der/die Autor(en), exklusiv lizenziert durch Springer   51
Fachmedien Wiesbaden GmbH, ein Teil von Springer Nature 2021
G. Walz, *Fixpunkte und Nullstellen*, essentials,
https://doi.org/10.1007/978-3-658-35577-7

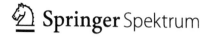

Printed in the United States
by Baker & Taylor Publisher Services